BEI GRIN MACHT SICH IHR WISSEN BEZAHLT

- Wir veröffentlichen Ihre Hausarbeit,
  Bachelor- und Masterarbeit

- Ihr eigenes eBook und Buch -
  weltweit in allen wichtigen Shops

- Verdienen Sie an jedem Verkauf

Jetzt bei www.GRIN.com hochladen
und kostenlos publizieren

Effekte von Kapazitätsmechanismen auf die Integration von Erneuerbaren Energien

Viktoria Medvedenko

Bibliografische Information der Deutschen Nationalbibliothek:

Die Deutsche Nationalbibliothek verzeichnet diese Publikation in der Deutschen Nationalbibliografie; detaillierte bibliografische Daten sind im Internet über http://dnb.d-nb.de abrufbar.

ISBN: 9783656677307
Dieses Buch ist auch als E-Book erhältlich.

© GRIN Publishing GmbH
Trappentreustraße 1
80339 München

Druck und Bindung: Books on Demand GmbH, Norderstedt Germany
Gedruckt auf säurefreiem Papier aus verantwortungsvollen Quellen

Das vorliegende Werk wurde sorgfältig erarbeitet. Dennoch übernehmen Autoren und Verlag für die Richtigkeit von Angaben, Hinweisen, Links und Ratschlägen sowie eventuelle Druckfehler keine Haftung.

Das Buch bei GRIN: https://www.grin.com/document/274931

Effekte von Kapazitätsmechanismen auf die Integration von Erneuerbaren Energien

Seminararbeit

von

Viktoria Medvedenko

An der Fakultät für Wirtschaftswissenschaften
Institut für Informationswirtschaft und Marketing (IISM)
Information & Market Engineering

20.01.2014

Inhaltsverzeichnis

Abbildungsverzeichnis

Tabellenverzeichnis

1. Einleitung

Die Integration von Erneuerbaren Energien in Deutschland umfasst im Rahmen des Erneuerbare-Energien-Gesetzes (EEG)[1] einen subventionierten Ausbau von fluktuierender Stromerzeugung, insbesondere von Photovoltaik- und Windkraft-Anlagen. Diese Fluktuationen und der voranschreitende Atomausstieg verändern den deutschen Energie-Mix und beeinflussen unmittelbar die Qualität der Versorgungssicherheit. Dabei geht mehr Leistung aus dem Sektor der fluktuierenden Energien mit weniger flexiblen Quellen einher, denn über den Merit-Order-Effekt verdrängen Erneuerbare Energien aufgrund geringer variabler Kosten und subventionierter Investitionskosten die konventionellen Gas- und Steinkohlekraftwerke aus dem Markt. So könnte z.B. an kalten Wintertagen, wenn die Sonne nicht scheint und der Wind nicht weht, aber hoher Heizbedarf herrscht, die Stromnachfrage nicht durch konventionelle Technologien gedeckt werden.

„In den kommenden Jahren wird der [deutsche] Strommarkt auch weiterhin durch Überkapazitäten [...] geprägt sein. [...] Mittelfristig werden aber vermehrt flexible Kraftwerke benötigt, welche immer weniger Stunden im Jahr im Einsatz sein werden. Genau hier stellt sich die Frage, ob nicht der Markt selbst ausreichende Signale liefern kann, um genügend Investitionsanreize in eben solche Kraftwerke zu liefern."[2]. Verfechter von Kapazitätsmarktmechanismen äußern bei dieser Fragestellung gravierende Zweifel daran, dass der derzeit bestehende Energy-Only-Markt die Elektrizitätsversorgung in Zukunft in Peaknachfragestunden noch sicherstellen könne. Das derzeitige liberale System führe zum „Missing-Money-Problem" - dem Fehlen von Investitionsanreizen in konventionelle Kraftwerke, welche durch sinkende Vollaststunden ihre Kapitalkosten nicht mehr decken können.

Um dieser Problemstellung entgegenzuwirken, stellen verschiedene wissenschaftliche Institutionen[3] eigene Designs von Kapazitätsmechanismen für Deutschland vor. In dieser wissenschaftlichen Arbeit werden zunächst diese Kapazitätsmechanismen erläutert und basierend auf ihren zentralen Argumenten sowie im Vergleich mit Implementierungen in anderen Ländern untersucht, wie sich die Konzepte bei einer Einführung in Deutschland auf die Integration von Erneuerbaren Energien auswirken würden.

Hierbei widmet sich die Arbeit den folgenden Forschungsfragen:

1. Was charakterisiert die für Deutschland diskutierten Kapazitätsmechanismen?

2. Welche Folgen einer Implementierung in Deutschland lassen sich aus im Ausland praktizierten Kapazitätsmechanismen ableiten?

3. Inwiefern bestehen Interdependenzen zwischen den einzelnen Kapazitätsmechanismen und der Integration von Erneuerbaren Energien?

In Kapitel 3 werden die ersten beiden Forschungsfragen beantwortet, während Kapitel 4 die dritte Frage anvisiert.

---

[1] offizieller Titel: Gesetz für den Vorrang Erneuerbarer Energien

[2] ([Kemf13] Frau Kemfert vom Deutschen Institut für Wirtschaftsforschung spricht sich zulasten einer Einführung des Umfassenden Kapazitätsmechanismus und zugunsten einer Strategischen Reserve aus.

[3] 1. Consentec, 2. Energiewirtschaftliches Institut der Universität Köln, 3. Öko-Institut, 4. Enervis & BET

2. Grundlagen und Problematik des derzeitigen deutschen Energiemarktes

Die Diskussion um die Einführung von Kapazitätsmechanismen steht in ökonomischen sowie historischen Zusammenhängen, welche in diesem Kapitel zur Einordnung des Themas erklärt werden. Dabei wird insbesondere auf die wirtschaftswissenschaftlichen Konzepte des Merit-Order-Effekts und des Missing-Money-Problems eingegangen.

Zunächst gilt es, die historische Entwicklung zu beschreiben: Wie viele weitere europäische Staaten[4] beschloss auch Deutschland 1998 die Liberalisierung des Strommarktes, um Wettbewerb in den Segmenten Erzeugung, Handel und Vertrieb zu garantieren, während Transport und Verteilung in staatlicher Hand bleiben sollten. Vor den Liberalisierungsbemühungen galt jedoch der gesamte Strommarkt mitsamt vor- und nachgelagerten Wertschöpfungsschritten als vom Staat reguliertes „natürliches Monopol"[5]. Hervorzuheben ist hierbei, dass die zuvor staatlich ausgebaute Erzeugungsseite zu Überkapazitäten führte, weswegen das Niveau an Versorgungssicherheit in Deutschland heutzutage im Vergleich mit anderen Ländern sehr hoch anzusiedeln ist[6].

2.1. Zweifel am Energy-Only-Markt

Im Zuge von Privatisierung und Liberalisierung wird ein „Energy-Only-Markt" geschaffen, auf dem per Definition nur tatsächliche Energielieferungen vergütet werden, nicht jedoch die Vorhaltung von Erzeugungskapazitäten[7]. Diese Marktform lässt sich demnach im Kontext dieser Arbeit als Energiebörse[8] ohne Kapazitätsmechanismus beschreiben.

Trotz der Privatisierung greift der Staat im Hinblick auf soziale Aspekte legislativ ein, sodass gesellschaftliche Tendenzen zugunsten Erneuerbarer Energien und zulasten von Nukleartechnologie gesetzlich verankert werden: Innerhalb der deutschen Energie-Wende stellt hierbei die Novellierung des EEGs im Jahre 2008 einen relevanten Faktor dar, bei der sich die deutsche Regierung das Ziel setzt, den Anteil Erneuerbarer Energien an der Stromversorgung bis 2020 auf 35% zu erhöhen[9]. Außerdem beschließt die Regierung im Juni 2011, drei Monate nach der Nuklearkatastrophe von Fukushima, den endgültigen Atomausstieg, welcher aus der sofortigen Abschaltung von acht Kernkraftwerken und dem schrittweisen Ausstieg der restlichen Atomkraftwerke bis 2022 besteht.[10]

Auf Basis dieser Veränderungen und unter Berücksichtigung des Leitszenarios der Bundesnetzagentur für den Netzentwicklungsplan kann, wie in Abbildung 2.1 [11] dargestellt, Ende

---

[4] Die EU legte in der Directive 96/92/EC eine Liberalisierung der Strommärkte fest. Vgl. [Meri13], S. 22

[5] Ein natürliches Monopol ist dadurch gekennzeichnet, dass die Kosten eines einzigen Produzenten für die gesamte Produktionsmenge geringer sind als die Summe der Produktionskosten mehrerer Produzenten für dieselbe Produktionsmenge. Vgl. [Sieb13], S. 137

[6] Vgl. [Agor13], S. 3

[7] Vgl. [Ener14]

[8] Im Gegensatz zum Energie-Pool; siehe Kapitel „Analyse der für Deutschland diskutierten Kapazitätsmechanismen".

[9] Vgl. [Bdew13], S. 13

[10] Vgl. [Bund11]

[11] Vgl. [Agor13], S.11

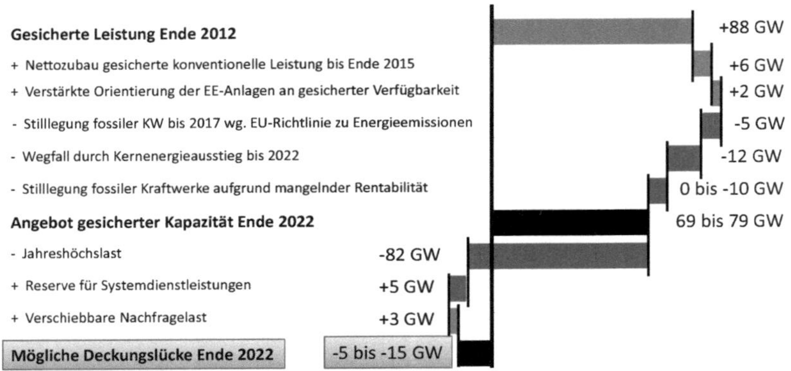

Abbildung 2.1.: Entwicklung der Versorgungssicherheit 2012 bis 2022

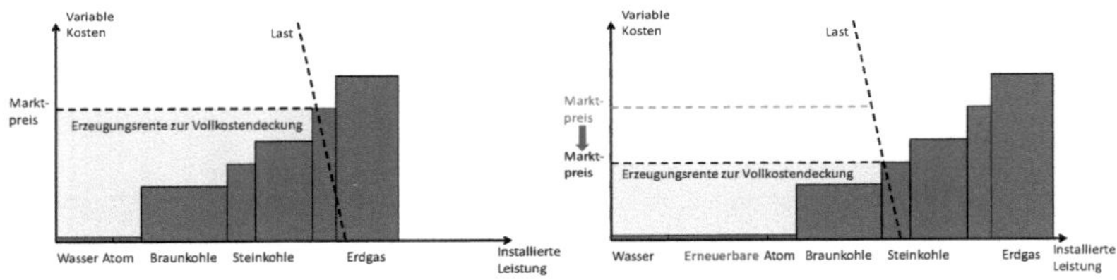

Abbildung 2.2.: links: Merit-Order ohne Subventionen für Erneuerbare Energien,
rechts: Merit-Order-Effekt der Erneuerbaren Energien

2022 mit einer Deckungslücke zwischen 5 und 15 GW gerechnet werden. Die Kategorie
„Stilllegung fossiler Kraftwerke aufgrund mangelnder Rentabilität" beruht dabei auf dem
Merit-Order-Effekt der Erneuerbaren Energien, welcher in Abbildung 2.2 ersichtlich ist.

Dieser Effekt kommt wie folgt zustande: Da auf dem Strommarkt eine recht unelastische
Nachfragekurve[12] vorliegt, kann die Nachfrage zu einem betrachteten Zeitpunkt auf eine
fixe Menge festgelegt werden. Diese muss von bestimmten Kraftwerken in das Elektrizitäts-
netz eingespeist werden, wobei die Merit-Order die Reihenfolge der Kraftwerkseinschaltung
nach aufsteigenden variablen Kosten vorsieht. Den Marktpreis setzt das letzte Kraftwerk,
das noch zur Einspeisung benötigt wird. Dabei ist zu beachten, dass Erneuerbare-Energien-
Kraftwerke vernachlässigbare variable Kosten, aber hohe Investitionskosten pro erzeugter
kWh im Jahr[13] besitzen. Indem durch das EEG der Bau solcher Kraftwerke subventio-
niert wird, treten in der Merit-Order vermehrt neue Kapazitäten ein, die voll ausgelastet
sind und somit Kraftwerke mit hohen Brennstoffkosten, insbesondere Gas- und Steinkohlekraftwerke, verdrängen. Dadurch ergibt sich automatisch ein geringerer Marktpreis,

---

[12] Eine unelastische Nachfrage bedeutet, dass sich die Nachfrage kaum verändert, wenn sich der Preis des
angebotenen Gutes verändert. Dies beeinflusst die Versorgungssicherheit. Vgl. [CrOe11], S. 12
[13] Vgl. [Kunz12], S. 2 und [Tiet12], S. 7 ff

welcher jedoch zwei Nachteile mit sich bringt: Erstens werden die Kosten für die subventionierten Erneuerbare-Energien-Kraftwerke auf den Endverbraucher umgelegt, sodass dieser insgesamt mehr bezahlt[14] und zweitens können die Kraftwerke am Ende der Merit-Order ihre Volllaststunden nicht mehr erreichen, um die Kapitalkosten zu decken. Das Resultat: Anreize, in Steinkohle- oder Gaskraftwerke zu investieren, sinken. Dieses Phänomen wird auch als das „Missing-Money-Problem" bezeichnet.

Als Gegenargument wird das Konzept des Energy-Only-Marktes angeführt, dass eine Kraftwerkstechnologie am Rande der Merit-Order von den Peaks beim Strombörsenpreis[15] profitiert und somit sehr wohl Investitionsanreize gesetzt werden. Nichtsdestotrotz kann es besonders wegen der Integration fluktuierender Erneuerbarer Energien zu Situationen kommen, in denen die Nachfrage oberhalb des möglichen Angebots liegt, sodass Stromausfälle entstehen und der Strombörsenpreis sein Maximum erreicht[16], aber trotzdem stilllegungsgefährdete konventionelle Kraftwerkstypen nicht lange genug im Jahr eingeschaltet werden, um Investitionsgelder zu mobilisieren. Verheerend für Deutschland wäre, wenn sich dadurch schleichend Unterkapazitäten entwickelten und zu einer chronischen Versorgungslücke würden. Damit hätte der Energy-Only-Markt „versagt". Als Hauptproblem lässt sich somit zusammenfassen, dass die Integration Erneuerbarer Energien flexible konventionelle Kapazitäten benötigt, diese aber systematisch verdrängt.

2.2. Kapazitätsmechanismen als Lösung

Um einer Eskalation in Form von Stromausfällen vorzubeugen, werden Regulierungsmechanismen vorgeschlagen. Die Grundidee lautet stets, dass bei Erneuerbaren Energien von einer gesicherten Leistung von Null auszugehen ist und zu jedem Zeitpunkt die gesamte Nachfrage mit konventioneller Kraftwerksleistung erzeugbar sein sollte[17]. Es erfordert dementsprechend einen sogenannten „konventionellen Schattenpark", der bei längerem Ausfall Erneuerbarer Energien zum Einsatz kommt[18].

Innerhalb des energiepolitischen Zieldreiecks[19] verfolgen die vorgestellten Kapazitätsmechanismen das Ziel, die Versorgungssicherheit zu gewährleisten, ohne die Wirtschaftlichkeit des bestehenden Marktes zu limitieren. Inwiefern sich diese Vorhaben jedoch auf die dritte Komponente, die Umweltverträglichkeit, auswirken, gilt es zu untersuchen. Da der Ausbau Erneuerbarer Energien durch das EEG geregelt ist und nicht durch die betrachteten Mechanismen explizit gefördert werden soll, wird für die Evaluation insbesondere in Betracht gezogen, inwiefern Investitionsanreize in flexible und CO2-arme Kraftwerkstypen wie beispielsweise Gaskraftwerke gesetzt werden. Denn in Kombination mit unflexiblen Erneuerbare-Energien-Technologien ermöglichen diese eine nachhaltige Entwicklung im Kraftwerkspark.

---

[14]Vgl. [Bdew13], S. 3

[15]Peaks entstehen, wenn die Nachfrage besonders hoch ist oder Erzeuger durch Mengenzurückhaltung hohe Preise erzielen wollen.

[16]das technische Maximum liegt bei 3000 Euro pro MWh Quelle

[17]Vgl. [Agor13], S. 17f

[18]Vgl. [Hauc13], S.6

[19]Das energiepolitische Zieldreieck stellt den Tradeoff zwischen Versorgungssicherheit, Wirtschaftlichkeit und Umweltverträglichkeit dar, welcher mit den sozialen, ökonomischen und ökologischen Aspekten des Nachhaltigkeitsdreiecks einhergeht. Vgl. D.3

3. Analyse der für Deutschland diskutierten Kapazitätsmechanismen

Nachfolgend wird ein Überblick über die Einordnung bestehender Kapazitätsmechanismen gegeben und die Charakteristika vorgestellt, nach denen die für Deutschland vorgeschlagenen und diskutierten Konzepte analysiert werden. Anschließend erfolgen Beschreibung und Analyse der einzelnen Kapazitätsmechanismen, wobei ähnliche Implementierungen in anderen Ländern berücksichtigt werden. Zum Abschluss dieses Kapitels werden ebenfalls Überlegungen zu Kapazitätsmechanismen im europäischen Kontext dargelegt.

Im Allgemeinen unterscheidet man zwischen preis- und mengenbasierten Kapazitätsmechanismen[20]:

- **Preisbasierte Kapazitätsmechanismen:** Ein Regulator legt den Preis administrativ fest, während die Kapazitätsmenge durch den Markt bestimmt wird. Man spricht dabei von „Kapazitätszahlungen".

- **Mengenbasierte Kapazitätsmechanismen:** Ein Regulator plant den Bedarf an Mindestkapazitäten und legt die gewünschte Menge fest, während der Preis auf dem Markt bestimmt wird. Man spricht hierbei von „Kapazitätsmärkten".

Mögliche Konzepte	Vorgeschlagene Konzepte	Betrachtete Beispiele
Energie-Pool + Kapazitätszahlung		
Energie-Börse + Kapazitätszahlung		• Fokussierter Kapazitätsmarkt in Spanien
Energie-Pool + Kapazitätsmarkt		• Umfassender Kapazitätsmarkt im PJM
Energie-Börse + Kapazitätsmarkt	• Umfassender Kapazitätsmarkt • Fokussierter Kapazitätsmarkt	
Energie-Pool + Reservemechanismus		
Energie-Börse + Reservemechanismus	• Dezentraler Leistungsmarkt • Strategische Reserve	• Dezentraler Leistungsmarkt in Frankreich • Strategische Reserve in Schweden

Staatlicher Eingriff (vertikale Achse)

Abbildung 3.1.: Kapazitätsmechanismen nach dem Grad staatlichen Eingriffs

Bei beiden Arten sollen Anreize für Investitionen in den Bau neuer Kapazitäten gesetzt werden. Im Regelfall wird ein Kapazitätsmechanismus zusätzlich zum bestehenden Strommarkt eingeführt, unabhängig davon, ob eine Energiebörse[21] oder ein Energiepool[22] vorliegt. Hervorzuheben ist dennoch, dass die staatliche Intervention, welche durch Liberalisierung und Privatisierung möglichst gering gehalten werden sollte, beim Energiepool höher ist als bei der Energiebörse. Ebenso stellen preisbasierte Kapazitätsmechanismen einen stärkeren Eingriff als mengenbasierte dar, woraus sich die in Abbildung 3.1 sichtbare

---

[20][Tiet12], S. 16f

[21]Bei einer Energiebörse entscheidet der Stromanbieter selbst, wann und wie viel er bietet.

[22]Bei einem Energiepool verpflichten sich die Erzeuger zu einer verbindlichen Teilnahme, wenn sie vom Betreiber zur Einspeisung eingeplant werden.

Einordnung nach dem Grad des staatlichen Eingriffs ergibt[23]. Diesen Rubriken sind die in dieser Arbeit betrachteten Konzepte zugeordnet. Hierbei ist markant, dass die Vorschläge für Deutschland eine möglichst liberale Lösung und keine preisbasierten Kapazitätszahlungsmechanismen vorsehen.

Da sich die vier Konzepte „Strategische Reserve", „Umfassender Kapazitätsmarkt", „Fokussierter Kapazitätsmarkt" sowie „Dezentraler Leistungsmarkt" trotzdem stark unterscheiden, werden sie in der Analyse besonders nach den folgenden Kriterien untersucht und differenziert:

- **Kapazitätsmarktbetreiber:** Welche Aufgaben übernimmt der Regulator und stellen diese einen hohen administrativen Aufwand dar?

- **Kostenträger:** Wer trägt die Kosten für den Einsatz einer Reserve bzw. für den Anreiz in neue Investitionen?

- **Nachfrageflexibilität:** Sieht der Mechanismus vor, dass große Strom-Nachfrager zu Peak-Laststunden freiwillig auf ihre Nachfrage verzichten?

- **Erzeugungstechnologie-Differenzierung:** Nehmen alle oder nur vereinzelte Kraftwerkstypen am vorgeschlagenen Kapazitätsmechanismus teil?

- **Planungshorizont / Produktdifferenzierung:** Werden verschiedene Produkte im Kapazitätsmechanismus unterschieden? Wie lange im Voraus erfolgt eine Einteilung und für welchen Zeitraum ist sie gültig?

- **Windfall Profits:** Entstehen für bestimmte Kraftwerksbetreiber Erlöse, ohne dass diese für den Betrieb benötigt werden[24]?

3.1. Strategische Reserve

Die vom Institut Consentec für das BDEW (Bundesverband der Energie- und Wasserwirtschaft) elaborierte Lösung[25] sieht eine Strategische Reserve vor, welche aus Reserve-Kraftwerken besteht, die am regulären Markt explizit nicht teilnehmen, sondern ausschließlich für das Vorhalten von Kapazitäten designiert sind.

Dieses Design betrachtet den Energy-Only-Markt grundsätzlich als fähig, neue Investitionen anzureizen. Nichtsdestotrotz sollen sicherheitshalber Kapazitäten bereitstehen, die in Notsituationen zum Einsatz kommen und somit als Versicherung dienen, falls der Energy-Only-Markt "doch nicht funktioniert"[26]. Im Allgemeinen gilt die Strategische Reserve als Übergangslösung bis zur Entscheidung, ob die Schaffung eines Umfassenden Kapazitätsmarktes notwendig ist.

Es darf nicht unerwähnt bleiben, dass für die Jahre 2012 und 2013 bereits eine Kaltreserve zur Absicherung eines regionalen Kapazitätsbedarfs in Süddeutschland kontrahiert wurde. Dies stellt allerdings keinen Kapazitätsmechanismus dar, sondern dient innerhalb des

---

[23]Vgl. [BGHR13], S. 29
[24]Vgl. [Agor13], S.11
[25]Vgl. [Cons13]
[26]Vgl. [Agor13], S.9

Energy-Only-Marktes als Redispatch-Leistung in bestimmten Teilen des Übertragungsnetzes. Zudem sei sie „intransparent und nicht marktbasiert", signalisiert aber einen Bedarf nach Reservekapazitäten und könnte durch eine Stategische Reserve abgelöst werden[27].

3.1.1. Charakteristika

Der Regulator bzw. Netzbetreiber führt Ausschreibungen[28] für die Bereitstellung von Reservekapazitäten durch und nimmt diese mit den einzelnen Erzeugern unter Vertrag. Dies erfolgt drei bis sechs Monate vor Fälligkeit für eine Dauer von jeweils zwei Jahren.

Eine Aktivierung der Strategischen Reserve findet nur beim Szenario statt, wenn die Nachfrage das Angebot übersteigt und der hohe Strombörsenpreis keine weiteren Kapazitäten im regulären Markt mehr mobilisieren kann. Die dabei teilnehmenden Kraftwerke werden mit Kapazitätszahlungen entlohnt. Das Ziel lautet, genau diese sehr hohen Strompreise, die auch sonst am Energy-Only-Markt entstehen, zu erhalten und - wie ohne Kapazitätsmechanismen - dadurch Investitionssignale für Neubaukraftwerke zu setzen. Gleichzeitig befinden sich in der Strategischen Reserve ausschließlich die Kraftwerke, die auf dem Energy-Only-Markt nicht mehr rentabel eingesetzt werden können.

3.1.2. Vor- und Nachteile

Indem bei der Aktivierung der Strategischen Reserve das technische Preislimit erreicht wird, bleibt das korrekte Knappheitssignal des Energy-Only-Marktes erhalten. Jedoch bleibt dadurch auch die Unsicherheit, inwiefern der Energy-Only-Markt neue und besonders flexible Kraftwerke attrahieren kann. Strittig ist ebenfalls, wie oft diese Reserve tatsächlich zum Tragen käme, sodass die Kapazitäten wohl möglich einen Großteil der Zeit außer Betrieb stünden - dies sei ineffizient[29]. Im Gegenteil dazu lässt sich argumentieren, dass die Strategische Reserve insbesondere stilllegungsgefährdete Kraftwerke adressiert und ihnen außerhalb des Energy-Only-Marktes überhaupt erst Gewinne ermöglichen kann[30].

Einen großen Vorteil repräsentiert der Aspekt, dass die Strategische Reserve besonders reversibel, schnell zu implementieren und mit wenig administrativem Aufwand verbunden ist: Die Auswirkungen der Strategischen Reserve auf den Energy-Only-Markt sind besonders gering, da kein Kraftwerk beiden Systemen angehören darf. Doch entsteht durch diesen Mechanismus eine doppelte finanzielle Belastung für den Endkunden: Erstens spiegeln sich die regelmäßigen extremen Strompreise mit der Zeit auch bei den Stromkundenpreisen wider; zweitens bezahlen sie für die Aktivierung der Reserve. Zudem würden die stilllegungsgefährdeten Bestandskraftwerke durch Windfall Profits ein weiteres Mal

---

[27]Vgl. [Agor13], S. 28

[28]Bevorzugt wird die Descending-Clock-Auktion, bei der mit einem für alle Bieter sichtbaren hohen Preis begonnen wird. Die Stromerzeuger entscheiden, wie viel Kapazität sie für die angebotene Zahlung zur Verfügung stellen. Der Startpreis muss so hoch sein, dass die gebotene Gesamtmenge die benötigte Menge übersteigt. Dann wird der Preis schrittweise gesenkt bis die gebotene Gesamtmenge der Zielmenge entspricht [Agor13], S. 40

[29]Vgl. [Agor13], S. 9

[30][Agor13], S. 29

entlohnt werden, nachdem sie bereits in Monopolzeiten und bei der Verteilung von CO_2-Emissionszertifikaten profitierten.

Obwohl die Reversibilität der Strategischen Reserve als positiver Faktor angesehen wird, kann umgekehrt angeführt werden, dass bei einer Auflösung des Systems wieder neue Kraftwerke in den Energy-Only-Markt eintreten und somit neue Konkurrenz darstellen, sodass eine veränderte Marktsituation herrschen würde.

Im Allgemeinen bestehen Zweifel, ob das System Investitionsanreize in neue und flexible Anlagen sowie Last-Management setzen kann, da es dafür die selbstregulatorischen Prinzipien des Energy-Only-Marktes beibehält.

3.1.3. Beispiel der Strategischen Reserve in Schweden

Die 1996 mit den „Peak Load Arrangements" als Übergangslösung eingeführte Strategische Reserve in Schweden besteht weiterhin und scheint nicht in absehbarer Zukunft von einem fixeren Kapazitätsmarktdesign abgelöst zu werden[31]. Die Funktionalität entspricht größtenteils dem für Deutschland vorgestellten Konzept.

Schweden erscheint mit seinen hohen Kapazitäten bei den Erneuerbaren Energien - insbesondere der Wasserkraft - als gutes Vorbild für die deutsche Energiewende; doch Schwedens zweites Standbein - die Kernenergie - entspricht nicht den deutschen Zukunftsvorstellungen. Eine weitere Besonderheit, die auch für Deutschland interessant ist[32], stellt Schwedens Teilnahme im Stromverbund Nord Pool mit Finnland, Norwegen, Dänemark und Litauen dar[33]. Gerade die Abhängigkeit von der Wasserkraft führte bereits trotz einer Strategischen Reserve und trotz Stromverbund zu Stromausfällen, denn im Winter ist nicht nur der Betrieb von Wasserkraftanlagen besonders ungünstig, sondern auch der allgemeine Ausfall von Kraftwerken nicht selten. Das gleiche Schicksal erfahren simultan auch die Nachbarländer[34], sodass ein Import verwehrt bleibt.

Insgesamt wird oft kritisiert, dass im Verbund Unterkapazitäten in den einzelnen Ländern entstehen, weil jeder Teilnehmer davon ausgeht, dass im Notfall Strom aus dem Ausland unkompliziert bezogen werden kann. Im Kontrast dazu kann als Vorteil betrachtet werden, dass keine Überkapazitäten erzeugt und somit insgesamt weniger Kapazitäten benötigt werden.

Zur Verteidigung der Strategischen Reserve können die Stromausfälle als Extremsituationen solcher Art betrachtet werden, in denen kein Kapazitätsmechanismus hätte Abhilfe schaffen können[35]. Im Allgemeinen kam die Reserve nur in seltenen Fällen zum Tragen[36], sodass sich ein Versagen des Energy-Only-Marktes in Schweden nicht bestätigen lässt. Dies korrespondiert auch mit der Beobachtung, dass seit der Einführung der Strategischen Reserve kaum neue Kapazitäten entstanden sind, was bedeuten könnte, dass entweder die

---

[31]Vgl. [BGHR13], S.46
[32]siehe Kapitel Europäischer Kontext
[33]Der Nord Pool bildet die weltweit größte Strombörse und heißt seit 2010 offiziell „NASDAQ OMX Commodities Europe". [Nasd14]
[34]Auch Norwegens und Finnlands Energiemix sieht viel Wasserkraft vor. [Move13]
[35]Vgl. [Agor13], S.46 ff
[36]ebenda

Strategische Reserve nicht in der Lage ist, neue Investitionen anzureizen, oder im Energy-Only-Markt bereits genug Kapazitäten bestehen.

Die geringen Investitionsanreize können aber auch durch die Integration in den Stromverbund erklärt werden. Eindeutiger lässt sich hingegen formulieren, dass flexible Kapazitäten zu fehlen scheinen: Obwohl durch die 2003 beschlossenen „Green Certificates"[37] der Bau Erneuerbarer Energien vorangetrieben wird, entsteht kein Pendant bei flexiblen Technologien.

3.2. Umfassender Kapazitätsmarkt

An der Universität Köln wurde für das BMWi (Bundesministerium für Wirtschaft und Energie) ein Marktdesign als Umfassender Kapazitätsmarkt konzipiert[38]. Im Gegensatz zur Strategischen Reserve gilt bei diesem Konzept die Prämisse, dass der Energy-Only-Markt nicht genug Investitionen in neue Kraftwerke gewährleisten kann. Deswegen wird zusätzlich ein Markt für das Produkt „verlässliche Erzeugungskapazität" eingeführt[39], der sich in erster Linie dem gesellschaftlichen Ziel der Versorgungssicherheit widmet.

3.2.1. Charakteristika

Ein zentraler Koordinator plant die notwendige Gesamtkapazität und schreibt diese unter allen bestehenden Kraftwerken aus - unabhängig von Technologie und Alter der Anlagen. Nach den Auktionen[40] schließt der Koordinator Versorgungssicherheitsverträge ab, die insbesondere aus zwei Komponenten bestehen:

1. **Kapazitätsverpflichtung:** Stromerzeuger, die Versorgungssicherheitsverträge abschließen, müssen die entsprechende Menge physischer Kapazität auch tatsächlich nachweisen können. Dies dient der Sicherung der Stromversorgung in Notsituationen.

2. **Verfügbarkeitsoption:** Stromerzeuger müssen in Knappheitsstunden, in denen der Strombörsenpreis oberhalb eines administrativ festgelegten Ausübungspreises liegt, diese Differenz an ihre Kunden, d.h. Stromlieferanten und Großkunden, bezahlen. Diese Art der Pönalisierung dient als Verringerung des Anreizes, durch Mengenrückhaltung Marktmacht auszuüben.

Diese Auktionen finden fünf Jahre vor Fälligkeit und bei sich anbahnender Anpassungsnotwendigkeit erneut ein Jahr vor Fälligkeit statt. Die Anbieter an Versorgungssicherheit erhalten während der Laufzeit sichere Einnahmen zur Finanzierung ihrer Kapitalkosten. Insgesamt besitzen sie neben dem Stromhandel also eine weitere Einkommensquelle durch Vorhaltung von Kapazitäten.

---

[37]Versorgungsunternehmen sind verpflichtet, einen bestimmten Anteil ihrer Strommenge aus Erneuerbaren Energien zu beziehen. [SuSS11], S.8
[38]Vgl. [GrMZ]
[39]Vgl. [GrMZ], S.20
[40]Genauso wie bei der Strategischen Reserve über die Descending-Clock-Auktion.

3.2.2. Vor- und Nachteile

Der Umfassende Kapazitätsmarkt zeichnet sich dadurch aus, dass - sofern der Koordinator die richtige Menge an Kapazitäten ausschreibt - für Stromlieferanten ein geringeres Risiko besteht, bei hohen Nachfragelasten nicht liefern zu können. Es ist davon auszugehen, dass Investitionen im Hinblick auf diese weitere Einkommensquelle mobilisiert werden. Das liegt daran, dass in der Auktion jedes Kraftwerk genau so viel bietet, wie es zur Deckung seiner Investitionen benötigt[41]. In diesem Zusammenhang sollte der Ausübungspreis vom Regulator so gewählt werden, dass er die variablen Kosten des teuersten Kraftwerks gerade so übersteigt; nur so können neue Investitionen durch den Kapazitätsmarkt angereizt werden[42].

Ein weiterer positiver Aspekt repräsentiert die Tatsache, dass die Stromlieferanten maximal den Ausübungspreis zahlen und nicht die Preisspitze. Gleichzeitig wird das Marktmachtproblem im Strommarkt reduziert, indem der Erzeuger für ein fehlendes Angebot bezahlen muss. Jedoch könnten diese Potentiale der Marktmachtausnutzung auf den Kapazitätsmarkt verschoben werden, um bei den Auktionen höhere Preise bei geringerer Angebotsmenge auszuhandeln[43].

Zudem wird kritisiert, dass es sich beim Umfassenden Kapazitätsmarkt im Vergleich zur Strategischen Reserve um einen starken Eingriff in das bestehende System handle, der regulatorisch schwierig durchzuführen sei[44] und fünf bis sieben Jahre zur Einführung erfordere[45].

Als wesentlicher Nachteil werden Windfall Profits angeführt, die darauf beruhen, dass sämtliche Bestands-Kraftwerke, „auch die nach wie vor sehr profitablen Braunkohle- und Kernkraftwerke, durch den Kapazitätsmarkt zusätzliche Einkommen erhalten"[46]. Nicht zu vernachlässigen seien auch hier die älteren Anlagen, die zu Monopolzeiten und bei der Verteilung von Emissionszertifikaten bestanden. Unklar bleibt durch diese Gleichbehandlung aller Technologien, inwiefern eine Flexibilisierung des Kraftwerksparks im Zuge der Energiewende gesichert werden könne.

3.2.3. Beispiel des Umfassenden Kapazitätsmechanismus im PJM

1998 wurde im PJM (PJM Interconnection LLC)[47] ein Umfassender Kapazitätsmarkt eingeführt, welcher 2007 grundlegend umstrukturiert und um weitere Hilfsmechanismen erweitert wurde. Das Resultat, das RPM (Reliability Pricing Model), repräsentiert einen langfristigen Kapazitätsmarkt mit vier zeitlich unterschiedlichen Auktionen[48].

---

[41]Vgl. [Agor13], S.41 und [CrOe11], S. 33

[42]Vgl. [Agor13], S.45

[43]Vgl. [GrMZ], S.43

[44]Vgl. [Agor13], S.10

[45]Vgl. [GrMZ], S.22

[46][Agor13], S.10

[47]PJM ist der regionale Systembetreiber des größten wettbewerbsmäßigen Großhandelsstrommarkts in den USA. Er umfasst ganz oder teilweise die Staaten Delaware, Illinois, Kentucky, Maryland, Michigan, New Jersey, North Carolina, Ohio, Pennsylvania, Tennessee, Virginia, West Virginia und den District of Columbia. [PJM14]

[48]drei Jahre, 23 Monate, 13 Monate und vier Monate vor Fälligkeit für eine Periode von einem Jahr [BGHR13], S.64

Das oberste Ziel des RPM lautet, stets die Nachfrage zuzüglich einer Sicherheitsreservemenge anzubieten. Im Idealfall soll ein Reserveniveau erreicht werden, bei dem exakt die Kosten für ein neues Kraftwerk im regulären Markt gedeckt werden[49]. Dabei sind alle Stromversorger zur Teilnahme am Kapazitätsmarkt verpflichtet und werden vom Betreiber PJM ihrem Anteil an der Reservemenge zugewiesen.

Oft gilt der Kapazitätsmarkt im PJM als „Paradebeispiel für die Umsetzung eines Kapazitätsmarktes"[50], denn seit der Einführung sind beträchtliche Investitionen in den Kraftwerkspark entstanden, viele Kapazitäten reaktiviert sowie signifikant erweitert worden. Offensichtlich erleichtern die zusätzlichen Einnahmen aus dem Kapazitätsmarkt den Markteintritt. Nichtsdestotrotz profitieren in diesem System hauptsächlich konventionelle Mittel- und Grundlastkraftwerke[51] und nicht etwa flexible Technologien. Dabei muss jedoch auch erwähnt werden, dass als Hauptziel Versorgungssicherheit definiert wurde und keine Energiewende, wie sie in Deutschland angestrebt wird. So bestehen auch nur relativ geringfügige Bemühungen zum Ausbau Erneuerbarer Energien.

Darüber hinaus wird versucht, das Marktmachtproblem durch Preisobergrenzen zu lösen sowie eine künstliche Nachfragekurve zu erschaffen, was eine effiziente wettbewerbliche Marktlösung einschränkt. Solche und weitere Regularien stellen einen hohen Aufwand für den Betreiber dar. Als weiterer Nachteil sei zu nennen, dass der Anteil der Kapitalkosten an den Energiepreisen merklich angestiegen ist[52] und sich die Frage stellt, ob dadurch nicht Überkapazitäten bezahlt werden, die aufgrund des Marktdesigns immer weiter steigen.

3.3. Fokussierter Kapazitätsmarkt

Der Fokussierte Kapazitätsmarkt, welcher vom Öko-Institut für das WWF (World Wide Fund For Nature) ausgearbeitet wurde[53], umgeht Windfall Profits ganz bewusst dadurch, dass sich die Ausschreibungen nicht auf alle Bestandskraftwerke - wie beim Umfassenden Kapazitätsmarkt - sondern auf zwei Segmente konzentrieren.

Dieses Konzept soll auch der voranschreitenden Energiewende explizit entgegenkommen[54], was im Weiteren noch zu untersuchen ist.

3.3.1. Charakteristika

Identisch mit der Funktionalität des Umfassenden Kapazitätsmarkts werden auch beim Fokussierten über Auktionen Versorgungssicherheitsverträge mit einem zentralen Koordinator geschlossen. Entsprechend bestehen auch erstens eine Verpflichtung zur Sicherstellung physischer Kapazität und zweitens die Etablierung von Differenzzahlungen oberhalb eines Ausführungspreises zur Verhinderung von Marktmachtausübung. Die grundlegende Änderung ergibt sich jedoch durch eine Differenzierung in zwei Produkte und zwei Technologiegruppen:

---

[49]Vgl. [BGHR13], S.62
[50]ebenda
[51]Vgl. [BGHR13], S.71ff
[52]ebenda
[53]Vgl. [MSDH12]
[54]Vgl. [MSDH12], S.42

1. **Stilllegungsgefährdete Kraftwerke** bei einer maximalen Auslastung von 2000 Stunden pro Jahr und **große Nachfrager** gehen Verträge für eine Dauer von maximal vier Jahren ein.

2. **Hochflexible und CO2-arme Neubau-Kraftwerke** sowie eventuell neue Speicher gehen Verträge für 15 Jahre Kapazitätsvorhaltung ein.

Alle anderen bestehenden nicht stilllegungsgefährdeten Anlagen wie Kernkraft- und Braunkohlekraftwerke dürfen an den Auktionen nicht teilnehmen.

3.3.2. Vor- und Nachteile

Wie beim Umfassenden ist auch beim Fokussierten Kapazitätsmarkt die Versorgungssicherheit als garantiert anzunehmen, da die mitbietenden Kraftwerke in den Auktionen ihre Kapitalkosten auszugleichen versuchen. Da zusätzliche Windfall Profits ausgeschlossen werden, entstehen geringere Kosten für die Stromkunden. Des Weiteren wird der Bau flexibler Kraftwerke explizit angereizt, was als vorteilhaft für die Energiewende zu betrachten ist.

Einige Nachteile des Umfassenden Kapazitätsmarktes sind an dieser Stelle dennoch nicht auszuschließen: Es handelt sich ebenfalls um einen schwer reversiblen und tiefgreifenden Eingriff in das bestehende Marktsystem.

Gleichzeitig lassen sich für den Fokussierten Kapazitätsmarkt spezifische Nachteile identifizieren: Die Segmentierung kann als Ungleichbehandlung von flexiblen Altanlagen und flexiblen Neuanlagen kritisiert werden[55]. In dieser Hinsicht sei es für die zukünftigen Jahre unklar einzuschätzen, welche Kraftwerke tatsächlich stilllegungsgefährdet sind, denn bei einer Ankündigung zur Einführung eines solchen Mechanismus könnte ein „Rutschbahneffekt" entstehen - Kraftwerke halten Kapazitäten zurück, um als „stilllegungsgefährdet" eingestuft zu werden.

3.3.3. Beispiel der Fokussierten Kapazitätszahlungen in Spanien

Nicht der Kapazitätsmechanismus, sondern bereits der zugrunde liegende reguläre Strommarkt in Spanien unterteilt die Erzeuger in zwei Segmente: das Ordinary Regime und das Special Regime. Das Ordinary Regime beinhaltet die konventionellen Kraftwerkstypen wie Kohle, Gas und Kernenergie, während in das Special Regime Erneuerbare Energien und Importe gezählt werden[56]. Dabei ist hervorzuheben, dass Spanien mit seinem hohen Anteil der Stromversorgung an Erneuerbaren Energien - insbesondere durch Windenergie - glänzt. Ähnlich zum deutschen EEG entstehen in Spanien Investitionen in Erneuerbare Energien mithilfe einer Vergütung durch Einspeisetarife. Dabei können Kraftwerke aus dem Special Regime zwischen zwei Einnahmequellen wählen: Erstens dem staatlich festgelegten Einspeisungstarif und zweitens dem Marktpreis mit einer zusätzlichen Prämie[57]. In der Praxis erscheint die erste Alternative als lukrativer[58], da sie bevorzugt wird.

---

[55]Vgl. [Agor13], S.10
[56]Vgl. [BGHR13], S. 77
[57]Vgl. [BGHR13], S. 80f
[58]ebenda

Die Kraftwerke aus dem Ordinary Regime hingegen sind dazu verplichtet, ihre Gebote an der Börse oder bilateral an den Marktbetreiber abzugeben. Um in diesem Segment den Bau neuer Kraftwerke anzureizen, wurden die Fokussierten Kapazitätszahlungen im Jahre 1997 in den „Pagos por capacidad" festgelegt. Demnach erhalten ausschließlich neue Kraftwerke oder Kapazitätszubauten von mindestens 50 MW für zehn Jahre Kapazitätszahlungen, um ihre Leistung für Peakzeiten vorzuhalten.

Da es sich um einen preisbasierten Kapazitätsmechanismus handelt, wird die Höhe der Kapazitätszahlungen ausschließlich staatlich bestimmt, wohingegen sich die Menge aus dem Zubau ergibt. Um sicherzustellen, dass der richtige Preis gewählt wird, besteht die Möglichkeit, Kapazitätsauktionen für neue Kraftwerke durchzuführen, sodass der Markt entscheiden kann, zu welchem Preis er bereit ist, neue Kapazitäten zu liefern.

Es bleibt nun, die Resultate auf den Kraftwerkspark in Betracht zu ziehen: Nach der Liberalisierung wurden zunächst Kapazitäten aufgrund eines Gesetzes abgebaut, das einem Unternehmen einen Marktanteil von über 30% nicht gestattet. 2001 und 2002 kam es zu Stromausfällen, doch in den darauffolgenden Jahren wurden genug neue Kapazitäten angezogen, um den Bedarf zu decken. Hierbei ist besonders hervorzuheben, dass sich Spanien einem massiven Nachfrageanstieg von über 60% zwischen 1997 und 2008 gegenübersah[59]. Daraus lässt sich folgern, dass die Kombination aus Einspeisetarifen für Erneuerbare Energien und Kapazitätszahlungen für neue konventionelle Kraftwerke einen nachhaltigen und für Deutschland vorbildhaften Energiemix geschaffen haben.

Tatsächlich haben klassische Öl- und Gaskraftwerke an Bedeutung verloren und flexible Technologien wie Gas-und-Dampf-Kraftwerke sind ausgebaut worden. Die Durchführung wird als administrativ einfach betrachtet[60]. Trotzdem stellen die Kapazitätszahlungen einen hohen staatlichen Eingriff dar: So wird insbesondere bemängelt, dass es sich um eine „Out-of-Market-Lösung" handele, bei der die Zahlungen weder durch den Markt ermittelt werden, noch Knappheitssignale im Endkundenpreis ersichtlich sind, sodass Investitionssignale nachhaltig gestört werden könnten[61].

3.4. Dezentraler Leistungsmarkt

Im Gegensatz zu den drei vorhergehend analysierten Kapazitätsmechanismen beruht der von den Instituten Enervis und BET (Berater der Energie und Wasserwirtschaft) für den VKU (Verband kommunaler Unternehmen) ausgestaltete Dezentrale Leistungsmarkt auf der Idee, dass das Gut der Leistungssicherung kein öffentliches sondern vielmehr ein privates ist. Deswegen wird die Verantwortung für die Kapazitätssicherung auf die Ebene der Stromverbraucher verlagert[62]. Die Begründung lautet wie folgt:

> „Versorgungssicherheit ist nur dann ein öffentliches Gut, wenn Stromnachfrager nicht explizit auf die bei Leistungsengpässen auftretenden Preisspitzen am

---

[59]Vgl. [BGHR13], S. 83 ff
[60]Vgl. [BGHR13], S. 86
[61]Vgl. [Agor13], S. 10
[62]Vgl. [EnBe13]

Strombörsenmarkt durch eine Reduktion ihrer Stromnachfrage reagieren können.[63] "

Aufgrund des immer attraktiver werdenden Lastenmanagements[64] bei Großnachfragern sei dies allerdings nicht der Fall.

3.4.1. Charakteristika

Beim Dezentralen Leistungsmarkt soll der Leistungsbedarf explizit nicht von einer zentralen Stelle festgelegt, sondern durch die Marktakteure bestimmt werden: Was an Kapazitätssicherung vom Kunden nachgefragt wird, wird auch vom Erzeuger angeboten. Im Umkehrschluss erhält ein zentraler Koordinator wie die Bundesnetzagentur ausschließlich die Rolle, Leistungszertifikate kostenlos auszustellen und Regelverstoß durch die Akteure zu bestrafen.

Wie beim Umfassenden und Fokussierten Kapazitätsmarkt entsteht auch beim Dezentralen Leistungsmarkt ein weiterer Markt zusätzlich zum Energy-Only-Markt, jedoch mit dem Unterschied, dass keine Auktionen stattfinden und auch Stromlieferanten Verpflichtungen eingehen: Neben Strom müssen sie zusätzlich Leistungszertifikate kaufen, die den Bedarf ihrer Kunden jederzeit decken. Gleichzeitig gehen die Erzeuger die Vereinbarung ein, zum vorgesehenen Zeitraum die zertifizierte Leistung vorzuhalten. Große Nachfrager, die technisch in der Lage sind, bei Knappheitszeiten ihre Nachfrage zu reduzieren, können auf den Kauf von Leistungszertifikaten verzichten[65].

Kündigt sich bei einem Stromlieferanten ein Mangel an, veröffentlicht er ein Knappheitssignal für einen bestimmten Zeitraum. Als Reaktion darauf müssen Kunden ohne Leistungszertifikate ihre Stromnachfrage senken und Anbieter von Leistungszertifikaten Strom produzieren. Verhalten sich Großkunden und Anbieter nicht gemäß dieser Regelung kommt eine Strategische Reserve zum Tragen, deren Kosten die Verursacher übernehmen müssen. Diese Pönalisierung wird vom Koordinator vorgenommen.

3.4.2. Vor- und Nachteile

Positiv ist sicherlich, dass die Kosten für die Aktivierung der strategischen Reserve auf den Verursacher umgelegt werden und nicht vom Endkunden bezahlt werden müssen. Schwierig wird für den Koordinator jedoch die genaue Identifikation dieser Verursacher, da schließlich nur ein Stromnetz besteht, und an keinem Ende die Schuld getragen werden möchte. Doch gerade durch diese Art des Demand-Side-Managements soll eine Flexibilisierung im Strommarkt entstehen.

Die Nachfrage nicht durch Entscheidungen einer öffentlichen Institution sondern aus dem Markt heraus entstehen zu lassen, kann ebenfalls als ein recht marktliberalistischer Ansatz angesehen werden. Dennoch entsteht für den Regulierer ein hoher Kontrollaufwand, um bei allen Organisationen auf die Einhaltung ihrer jeweiligen Leistungsverpflichtungen zu

---

[63][Agor13], S.11
[64]Vgl. [Effi14]
[65]Vgl. [EnBe13], S.93

achten, was durch den Zertifikatehandel weiter erschwert wird. In diesem Kontext ist anzumerken, dass unklar bleibt, woher die neuen Kapazitäten entstehen sollen; die Erfahrungen im Emissionshandel zeigen auch, dass dauerhafte Signale aus einem Zertifikatemarkt nicht als sicher einzustufen sind[66]. Ein großer Kritikpunkt hierbei lautet, dass die Stromlieferanten und großen Nachfrager zu einer „schleichenden Unterversicherung"[67] neigen, weil für sie eine Absicherung im Vorfeld nicht lukrativ erscheint und sie ihren Bedarf als bevorzugt klein antizipieren.

Ebenso drohen auch im Dezentralen Leistungsmarkt Windfall Profits für gut laufende Braunkohle- und Kernkraftwerke, die im Grunde keine weiteren Einnahmen für ihren Betrieb benötigen.

3.4.3. Beispiel des Dezentralen Leistungsmarktes in Frankreich

Beim Ende 2010 eingeführten und derzeit entstehenden Kapazitätsmarkt in Frankreich liegt das Augenmerk neben Versorgungssicherheit auf der Unabhängigkeit Frankreichs von Importen bei Peak-Nachfrage-Zeiten[68].

Die Funktionalität des Kapazitätsmarktes ähnelt dem für Deutschland vorgeschlagenen: Jeder Erzeuger muss seine Kapazitäten zertifizieren und die Verfügbarkeit sicherstellen. Die Vertreiber wiederum müssen den Bedarf ihrer Endkunden decken, indem sie genug Kapazitäten kaufen. Dieser Kauf kann direkt beim Erzeuger oder beim Regulierer durch Kapazitätsverträge erfolgen.

Der Regulierer belohnt diejenigen, die bei Peaknachfragen tatsächlich zur Versorgungssicherheit beitragen und bestraft diejenigen, die nicht genug Kapazitäten zur Verfügung stellen. Bei dieser Implementierung ist ebenfalls von einem hohen regulatorischen Aufwand auszugehen.

Insbesondere ist an dieser Stelle zu betonen, dass Frankreich durch diesen Mechanismus nicht explizit den Bau flexibler Kapazitäten anstrebt. Da der Mechanismus auch noch sehr jung ist, lässt sich nicht feststellen, inwiefern Veränderungen im Kraftwerkspark entstehen.

3.5. Überblick der Charakteristika

Um die betrachteten Kapazitätsmechanismen nach den eingangs beschriebenen Charakteristika einander gegenüberzustellen, werden sie in Tabelle 3.1 zusammengefasst. Für die Evaluation spielen insbesondere die Rubriken „Windfall Profits" und „Erzeugungstechnologie-Differenzierung" eine relevante Rolle.

---

[66]Vgl. [Agor13], S.11
[67][Krae13], S.3
[68]Vgl. [Cre12]

Tabelle 3.1.: Charakteristika der Kapazitätsmechanismen

	Strategische Reserve	Umfassender Kapazitätsmarkt	Fokussierter Kapazitätsmarkt	Dezentraler Leistungsmarkt
Kapazitätsmarkt-Betreiber	schreibt Bereitstellung von Reservekapazitäten aus	schreibt Bereitstellung von Reservekapazitäten aus	schreibt Bau neuer Kraftwerke und Weiterbetrieb stilllegungsgefährdeter Anlagen aus	stellt kostenlos Leistungszertifikate aus und pönalisiert
Kostenträger	Umlage auf Endkunden-Preis	Umlage auf Endkunden-Preis; Stromerzeuger zahlen Differenz zum Ausübungspreis	Umlage auf Endkunden-Preis; Stromerzeuger zahlen Differenz zum Ausübungspreis	Verursacher bezahlen Aktivierung der strategischen Reserve
Nachfrageflexibilität	Erwünscht für große Nachfrager	Erwünscht für große Nachfrager	Große Nachfrager bieten mit	Durch vermiedenen Einkauf von Kapazitäten
Erzeugungstechnologie-Differenzierung	besonders stilllegungsgefährdete Anlagen, außerhalb des EOM	keine	A: stilllegungsgefährdete Kraftwerke und große Nachfrager B: Hochflexible und CO_2-arme Neubaukraftwerke	keine
Planungshorizont/Produktdifferenzierung	3 bis 6 Monate vor Fälligkeit für 2 Jahre	Versorgungssicherheitsverträge 5 Jahre vor Fälligkeit und erneut 1 Jahr vor Fälligkeit	jährlich A: 4 Jahre Laufzeit B: 15 Jahre Laufzeit	Keine zentrale Definition des Leistungsbedarfs
Windfall Profits	ja	ja	nein	ja

3.6. Europäischer Kontext

Als 1992 im Vertrag von Maastricht geregelt wurde, dass sich der einheitliche EU-Binnenmarkt auch auf die Infrastruktursektoren beziehen soll, entstanden Bemühungen um transeuropäische Netze für Energie, insbesondere Gas- und Elektrizitätsverbindungen. Ein großes Hindernis stellen dabei die nationalen Systeme und Institutionen dar, welche bei Überlegungen zu Änderungen in der eigenen Infrastruktur idealerweise auch die Schnittstellen zu anderen Ländern beachten sollten. Dasselbe Argument kann auch für die Einführung eines Kapazitätsmechanismus angeführt werden: Zwar gibt es derzeit keine EU-weiten Bemühungen um die Einführung eines transnationalen Kapazitätsmechanismus, aber innerhalb einer Diskussion um eine nationale Lösung in Deutschland darf der europäische Kontext nicht aus den Augen verloren werden. Dabei repräsentiert Deutschland aus geographischen Gründen ein zentrales Verbindungsglied im Binnenmarkt, sodass jede Entscheidung im deutschen Energiemarkt Auswirkungen auf die neun Nachbarländer besitzt, aber auch umgekehrt.

Einen wesentlichen Faktor bildet in diesem Zusammenhang die Interdependenz der bestehenden Strommärkte in Knappheitssituationen: Frankreich kauft auf dem deutschen Strommarkt ein, wenn nicht genug Angebot vorliegt. Doch ergeben sich für Deutschland und Frankreich nicht selten gleichzeitige Nachfragepeaks - insbesondere im Winter, wenn eine hohe Nachfrage mit einem hohen Kraftwerksausfall kollidiert. Um solchen Momenten entgegenzuwirken setzt Frankreich einen Kapazitätsmechanismus ein. Dass dadurch Frankreichs Nachbarländer weniger Kapazitäten selbst bauen, ist unwahrscheinlich, da andere Länder nicht an dem Mechanismus teilnehmen, d.h. ausländische Nachfrager keine Zertifikate bei französischen Erzeugern erwerben können. Anders sieht es beim Nord Pool aus, wo eine Tendenz zu Unterkapazitäten besteht, weil alle Länder an einem Markt teilnehmen.

Die Vertreter der vorgestellten Designs für Kapazitätsmechanismen äußern sich zu der Verbund-Verträglichkeit ihres Konzepts wie folgt: Die Strategische Reserve sei schwer für das eigene *und* das Nachbarland zu bilden, da ein gemeinsamer Kapazitätsbedarf für verschiedene Märkte berechnet werden müsste[69]. Vertreter des Umfassenden Kapazitätsmarktes erwidern, dass verschiedene Länder unterschiedliche Mechanismen besitzen können und sollen, aber keinen gemeinsamen[70], weil sie außerhalb des Marktes stattfinden. Dass bereits jetzt verschiedene Systeme in unterschiedlichen Altersstufen in Europa existieren, zeigt Abbildung A.1. Bisher besteht lediglich die Vermutung, dass Unterkapazitäten im Nord Pool in Kombination mit Strategischen Reserven entstanden sein können. Für den Fokussierten Kapazitätsmarkt hingegen wird angeführt, dass in einer einheitlichen Preiszone zumindest in Neuanlagensegmenten auch Gebote ausländischer Bieter zugelassen werden[71]. Dadurch könnte beispielsweise das Market Coupling zwischen Deutschland/Österreich und den Nachbarländern[72] eine Vorreiterrolle zu einem transnationalen Kapazitätsmarkt werden.

---

[69]Vgl. [Agor13], S. 34
[70][Agor13], S. 48
[71][Agor13], S. 58
[72]2010 wurde eine Marktkopplung zwischen zentralwesteuropäischen Ländern vorgenommen, um Kapazitäten an Grenzkuppelstelen besser zuteilen zu können.

4. Evaluation der Interdependenzen zwischen Kapazitätsmechanismen und der Integration Erneuerbarer Energien

In diesem Kapitel werden die zuvor analysierten Kapazitätsmechanismen einander gegenübergestellt und auf eine Eignung für die Energiewende hin bewertet.

Im Grundlagenkapitel wurde erläutert, inwiefern die Integration von Erneuerbaren Energien einen Kapazitätsmechanismus erfordert: Um die Fluktuationen in der Einspeisung durch Erneuerbare Energien auszugleichen, werden flexible konventionelle Kraftwerke benötigt, die schnell an- und abfahren können, um ein Gleichgewicht zwischen Angebot und Nachfrage zu schaffen. Gerade diese konventionellen Kraftwerkskapazitäten werden durch den Merit-Order-Effekt der Erneuerbaren Energien aus dem Markt gedrängt, sodass sie nicht mehr wirtschaftlich sind. Kapazitätsmechanismen sollen genau die zwei daraus entstehenden Probleme lösen, d.h. sowohl für Versorgungssicherheit bei Peak-Nachfrage-Zeiten als auch für Investitionen in den Bau neuer Kapazitäten sorgen.

Zusammenfassend sehen die betrachteten Kapazitätsmechanismen Investitionsanreize durch folgende Mittel vor: Die Strategische Reserve setzt sich als oberstes Ziel, den stilllegungsgefährdeten Kraftwerken eine eigene Einnahmequelle zu bieten, während neue Investitionen über Preispeaks auf dem Energy-Only-Markt entstehen. Der Umfassende Kapazitätsmarkt hingegen visiert eine Entlohnung zum Investitionsanreiz innerhalb des Kapazitätsmarkts an, indem alle Kraftwerke bei den Kapazitätsauktionen so viel bieten, dass sie ihre Kapitalkosten decken können. Der Fokussierte Kapazitätsmarkt wiederum schließt die durch die Merit-Order privilegierten Technologien - Braunkohle, Kernkraft und Erneuerbare Energien - aus dem Kapazitätsmarkt aus und fördert insbesondere stilllegungsgefährdete Anlagen sowie den Neubau flexibler Kraftwerke. Im Gegensatz zu den vorher genannten Mechanismen basiert der Dezentrale Leistungsmarkt auf dem Ansatz, dass sich die Stromnachfrager mit den notwendigen Kapazitäten im Vorhinein eindecken müssen, sodass die Nachfrage auch mehr Kapazitäten im Angebot schafft. Investitionsanreize alleine reichen jedoch nicht.

Worauf es bei einem Marktdesign für die deutsche Energiewende wirklich ankommt, beschreibt ein Beratungsunternehmen zu nachhaltiger Energiepolitik wie folgt:[73]

> „Es ist verführerisch für Marktdesigner, einfach einen der traditionellen Ansätze zur Sicherung der Versorgungssicherheit aus der Schublade zu ziehen. Die meisten derartigen Mechanismen wurden jedoch für die Bedürfnisse eines Marktes erstellt, der ganz anders ist als jener, der uns in den kommenden Jahren erwarten wird. [...] Es müssen Märkte konzipiert werden, die im Kontext einer immer stärker werdenden Durchmischung mit Erneuerbaren Energien in ausreichendem Maß die geeigneten flexiblen Ressourcen bieten. Die traditionellen Kapazitätsmärkte sind im Hinblick auf diese Anforderung ungeeignet."

---

[73]Meg Gottstein und Simon Skillings vom Regulatory Assistance Project, vgl. [Agor13], S. 25

Als „traditioneller Ansatz" kann der Umfassende Kapazitätsmarkt im amerikanischen PJM betrachtet werden. Zwar sichert dieser einen Kapazitätszuwachs, allerdings scheinbar keine Flexibilisierung im Kraftwerkspark. Es würden auch in Deutschland vermutlich Kraftwerke durch den Mechanismus gefördert, die in der Merit-Order bereits profitieren, insbesondere Braunkohlekraftwerke.

Bei der Strategischen Reserve werden gezielt stilllegungsgefährdete Kraftwerke adressiert, worunter auch flexible Gaskraftwerke fallen. Allerdings werden die Investitionsanreize gerade nicht durch den Kapazitätsmechanismus, sondern innerhalb des Energy-Only-Marktes gesetzt, sodass ein Zuwachs an flexiblen Kraftwerken fraglich bleibt. Das Beispiel Schwedens zeigt ebenfalls, dass die Strategische Reserve nur selten zum Einsatz kam, sodass am Strommarkt nicht genug Anreize für Investitionen entstanden sein könnten. Gleichzeitig sind sogar Stromausfälle zu verzeichnen, was auch als Scheitern einer Strategischen Reserve interpretiert werden kann.

Der Fokussierte Kapazitätsmarkt und der Dezentrale Leistungsmarkt lassen sich auf unterschiedliche Weise als Mischformen zwischen Strategischer Reserve und Umfassendem Kapazitätsmarkt kennzeichnen:

Der Dezentrale Leistungsmarkt integriert eine Strategische Reserve und stellt einen umfassenden Mechanismus dar, welcher alle Kraftwerkstypen einbezieht. Trotzdem unterscheidet er sich grundlegend von den anderen Mechanismen, da die Gesamtkapazitätsmenge nicht zentral ermittelt wird, sondern über das Eindecken der Nachfrager mit Kapazitätszertifikaten entsteht. Ob dadurch überhaupt neue Kapazitäten entstehen, ist zu hinterfragen, angesichts einer möglichen Unterversicherung durch die Nachfrager. Sollten tatsächlich Neubauten angereizt werden, so aufgrund des umfassenden Charakters nicht bevorzugt bei flexiblen Anlagen - außer die Nachfrage besteht darauf, lediglich flexible Kapazitäten einzukaufen, um im Notfall diese auch schnell nutzen zu können. Dies ist allerdings im Kapazitätsmarktdesign nicht vorgesehen.

Der Fokussierte Kapazitätsmarkt seinerseits implementiert im Allgemeinen die Funktionalität des Umfassenden Kapazitätsmarktes mit den zwei Aspekten Kapazitätsverpflichtung und Verfügbarkeitsoption, konzentriert sich aber wie die Strategische Reserve auch auf die stilllegungsgefährdeten Kraftwerke (1. Segment). Die Strategische Reserve jedoch vernachlässigt den Bau flexibler Anlagen und überlässt dies dem Energy-Only-Markt, während der Fokussierte Kapazitätsmarkt diesen Aspekt gezielt anspricht (2. Segment). Insgesamt lässt sich der Fokussierte Kapazitätsmarkt als am besten geeignet für die Energiewende einstufen, was sich auch am Beispiel Spaniens zeigt: Erneuerbare Energien werden ähnlich zu Deutschland über Einspeisungstarife gefördert, während neugebaute flexible Kapazitäten 10 Jahre lang Kapazitätszahlungen erhalten. Obwohl sich Spanien im letzten Jahrzehnt einem enormen Nachfragezuwachs gegenübersah, konnte das Land mit dieser Kombination einen nachhaltigen Kraftwerkspark aus Erneuerbaren und flexiblen Kapazitäten errichten. Dies könnte zum Vorbild für Deutschland werden.

5. Zusammenfassung und Ausblick

Abschließend werden die Forschungsfragen beantwortet, wobei die Beantwortung der dritten Forschungsfrage auf den Ergebnissen der ersten beiden sowie der Evaluation basiert. Im Anschluss an diese Zusammenfassung der Ergebnisse folgt ein Ausblick für weitere Forschung.

5.1. Charakteristika der für Deutschland diskutierten Kapazitätsmechanismen

Eine Zusammenfassung der einleitend beschriebenen Charakteristika liefert Tabelle 3.1. Im Hinblick auf den Gesamtkontext dieser Arbeit sind zwei Charakteristika als besonders relevant zu identifizieren: Produkttechnologie-Differenzierung und Windfall Profits. Diese beiden Faktoren geben Aufschluss über jene Kraftwerks-Gruppen, welche vom jeweiligen Mechanismus am meisten profitieren.

Bei der Strategischen Reserve werden prinzipiell flexible konventionelle Kraftwerke sowohl über den Energy-Only-Markt, als auch über die Zahlungen beim Reserveeinsatz entlohnt. Allerdings bleibt fraglich, ob diese Technologie-Differenzierung Investitionsanreize in den Bau flexibler Kapazitäten schafft, falls sämtliche flexible Anlagen aus dem Energy-Only-Markt austreten und dabei als Reserve ungenutzt bleiben. Vom Umfassenden Kapazitätsmarkt profitieren aufgrund von Windfall Profits primär unflexible konventionelle Kraftwerke, da Investitionen bevorzugt für die Technologien mobilisiert werden, die bereits ohnehin profitabel sind. Der Dezentrale Leistungsmarkt seinerseits vereint Windfall Profits für gut laufende Kraftwerke im Energy-Only-Markt mit Technologie-Differenzierung in der Strategischen Reserve, welche auch flexible Kraftwerke umfasst, die am Energy-Only-Markt nicht mehr rentabel sind. Der Fokussierte Kapazitätsmarkt hingegen schließt Windfall Profits durch Technologie-Differenzierung aus und sieht Profite nur für flexible Kapazitäten vor.

5.2. Ableitungen für Deutschland anhand von Implementierungen aus dem Ausland

Schweden repräsentiert ein gutes Beispiel für eine Strategische Reserve im Verbund, aus dem sich interpretieren lässt, dass in einem allgemeinen Verbund mit Deutschland Unterkapazitäten entstehen können. Obwohl nicht klar ist, ob in Schweden grundlegend ein ausreichendes Kapazitätsniveau besteht oder ob der Energy-Only-Markt innerhalb der Strategischen Reserve versagt hat, kann festgehalten werden, dass auch für Deutschland kaum flexible Kraftwerkszubauten anzunehmen sind.

Im PJM hingegen scheint die Kapazität immer weiter zu wachsen, weil vom Betreiber stets eine Kapazitätsmenge versichert werden soll, welche die Investitionen für ein neues Kraftwerk deckt. Das Ziel der Versorgungssicherheit wird stets erreicht, doch auch im PJM-Gebiet zeigt sich kaum ein Zuwachs an flexiblen Kapazitäten.

Frankreich scheint den Dezentralen Leistungsmarkt ebenfalls eher als Mittel zur Unabhängigkeit von Importen zu verwenden, was in Frage stellen lässt, ob ein solcher Mechanismus in Deutschland andere Anreize setzen würde. Zudem unterscheidet sich der französische Energiemix mit viel Kernenergie und fossilen Quellen so stark vom deutschen, dass es politisch nicht als Beispiel für eine Implementierung hierzulande akzeptiert würde.

Spanien hingegen mit seinem hohen Anteil an Windkraft und den Einspeisungstarifen ähnelt den deutschen Vorstellungen von nachhaltiger Energiepolitik. Da tatsächlich neue flexible Kraftwerke gebaut worden sind, dient der spanische Mechanismus als Vorbild für eine mögliche Implementierung in Deutschland.

5.3. Interdependenzen zwischen den Kapazitätsmechanismen und der Integration von Erneuerbaren Energien

Die Integration von fluktuierenden Erneuerbaren Energien erfordert einen Ausgleich durch flexible konventionelle Anlagen - das Mittel dazu: Kapazitätsmechanismen. Diese wirken sich zwar nicht auf die Kraftwerke der Erneuerbaren Energien aus - das EEG wäre weiterhin für deren Förderung verantwortlich. Doch sollen sie Investitionen in konventionelle Kapazitäten attrahieren. Dabei zeigen Analyse und Evaluation, dass der Fokussierte Kapazitätsmarkt durch die Förderung stilllegungsgefährdeter Kraftwerke einerseits und den Neubau flexibler Anlagen andererseits am besten für die Energiewende geeignet ist, was das Beispiel Spaniens unterstreicht.

Im Vergleich dazu bleibt bei der Strategischen Reserve und dem Dezentralen Leistungsmarkt fraglich, ob überhaupt neue Kapazitäten entstehen. Der Umfassende Kapazitätsmarkt hingegen erfüllt dieses Ziel des Investitionsanreizes, könnte in Deutschland wie im PJM jedoch wenig Flexibilität hervorbringen.

5.4. Ausblick

Angesichts der aktuellen Diskussionen um eine Einführung von Kapazitätsmechanismen ergeben sich interessante potentielle Felder für weitere Forschung.

So könnte der Forschungsrahmen anders gelegt werden und statt Deutschland ein anderes in der Diskussion befindliches Land gewählt werden. Desgleichen können andere Länder zum Vergleich herangezogen oder neue Konzepte ausgearbeitet werden, die sich von den vier betrachteten unterscheiden.

Im Sinne der voranschreitenden Anpassungen in der EU kann die Auswirkung von Einführungen bestimmter Mechanismen in verschiedenen Ländern oder eine EU-weite Einführung ebenfalls Gegenstand neuer Untersuchungen werden.

7. Anhang

A. Europäischer Kontext

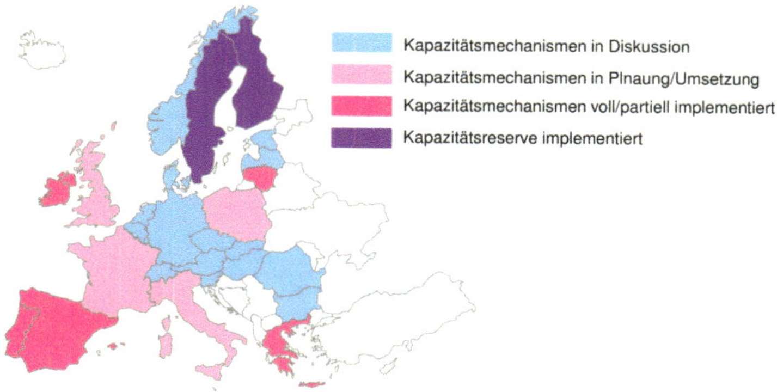

Abbildung A.1.: Kapazitätsmechanismen in Europa nach [Agor13], S. 12

B. Energiemix betrachteter Länder

Land	Kern-energie	Wasser	Solar	Wind	Bio-masse	EE gesamt	Fossil	Total
Deutsch-land	20	4	17	27	7	55	70	153
Schweden	9	17	0	2	4	22	5	37
PJM (USA)	33					10	112	155
Spanien	7	13	5	21	1	40	50	102
Frankreich	63	18	1	6	1	27	70	153
Finnland	3	3	0	0	2	5	9	14
Norwegen	0	28	0	0	0	28	1	30
Österreich	0	11	0	1	4	16	4	21
USA	101	79	1	39	12	134	782	1039

Tabelle B.1.: Energiemix der betrachteten Länder, nach [Fost13], S. 2 und [Eia14]

C. Kapazitätsmechanismen

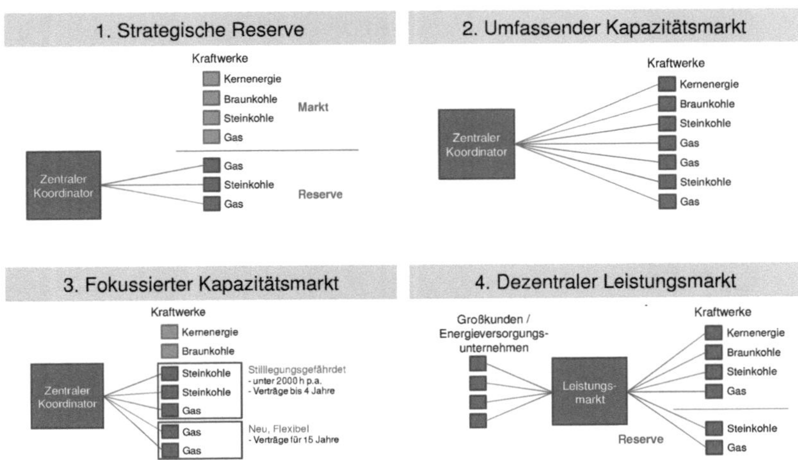

Abbildung C.2.: Funktionalität der Kapazitätsmechanismen, nach [Agor13]

D. Zieldreieck

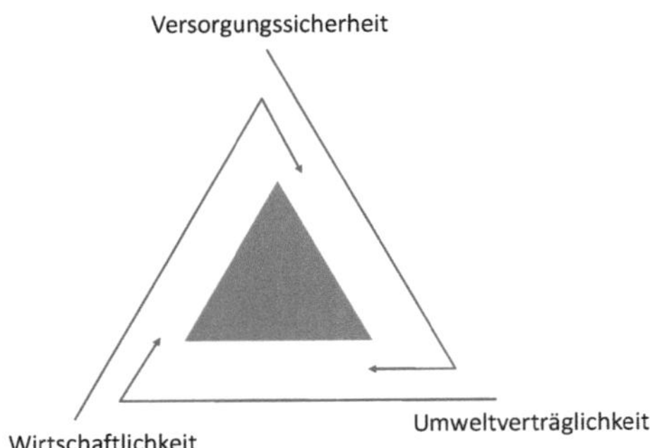

Abbildung D.3.: Energiepolitisches Zieldreieck

Quellenverzeichnis

[Agor13] Agora Energiewende, *Kapazitätsmarkt oder strategische Reserve : Was ist der nächste Schritt? - Eine Übersicht über die in der Diskussion befindlichen Modelle zur Gewährleistung der Versorgungssicherheit in Deutschland*, 2013, URL: http://www.agora-energiewende.de/fileadmin/downloads/publikationen/ Hintergrund/Kapazitaetsmarkt-oder-strategische-Reserve/Agora-Hintergrund-Kapazitaetsmarkt-oder-strategische-Reserve-web.pdf, Abruf am 02.01.2014

[Bdew13] BDEW (Bundesverband der Energie- und Wasserwirtschaft e.V.), *Erneuerbare Energien und das EEG: Zahlen, Fakten, Grafiken (2013) - Anlagen, installierte Leistung, Stromerzeugung, EEG-Auszahlungen, Marktintegration der Erneuerbaren Energien und regionale Verteilung der EEG-induzierten Zahlungsströme*, 2013, URL: https://www.bdew.de/internet.nsf/id/ 17DF3FA36BF264EBC1257B0A003EE8B8/file/Energieinfo-EE-und-das-EEG-Januar-2013.pdf, Abruf am 02.01.2014

[BGHR13] Böckers, V., Giessing, L., Haucap, J., Heimeshoff, U., Rösch, J., *Vor- und Nachteile alternativer Kapazitätsmechanismen in Deutschland - Eine Untersuchung alternativer Strommarktsysteme im Kontext europäischer Marktkonvergenz und erneuerbarer Energien*, 2013, URL: http://www.dice.hhu.de/fileadmin/redaktion/Fakultaeten/Wirtschaftswissenschaftliche-Fakultaet/DICE/Forschung-DICE/Projekte/CE–282011-29-5F-Gutachten-f-FCr-die-RWE-AG-zur-Implemen–tierung-eines-Kapazita–tsmarktes-in-Deutschland.pdf, Abruf am 02.01.2014

[Bund11] Bundesrat , *Atomausstieg beschlossen*, 2011, URL: http://www.bundesrat.de/cln-319/nn-8396/DE/presse/pm/2011/106-2011.html, Abruf am 02.01.2014

[Cons13] Consentec , *Märkte stärken, Versorgung sichern Konzept für die Umsetzung einer Strategischen Reserve in Deutschland Ergebnisbericht des Fachdialogs „Strategische Reserve"*, 2013, URL: http://www.bdew.de/internet.nsf/id/ E4F39FD797AD4AEBC1257B6C003993B7/file/20130513-Fachdialog-Strategische-Reserve.pdf, Abruf am 02.01.2014

[CrOe11] Cramton, P., Oeckenfels, A., *Economics and design of capacity markets for the power sector*, 2011, URL: http://www.cramton.umd.edu/papers2010-2014/cramton-ockenfels-economics-and-design-of-capacity-markets.pdf, Abruf am 18.01.2014

[Cre12] CRE (Commission de Régulation de l'Énergie, *La CRE et le marché de capacités dans le secteur de l'électricité*, 2013, URL: http://www.cre.fr/presse/lettres-d-information/le-bulletin-bimensuel-n-20-la-cre-et-le-marche-de-capacites-dans-le-secteur-de-l-electricite, Abruf am 02.01.2014

[Effi14] Effiziente Energiesysteme, *Lastmanagement - Baustein des Stromversorgungssystems*, 2014, URL: http://www.effiziente-energiesysteme.de/themen/lastmanagement.html, Abruf am 02.01.2014

[Eia14] U.S. Energy Information Administration, *International Energy Statistics*, 2014, URL: http://www.eia.gov/cfapps/ipdbproject/IEDIndex3-cfm-tid=2pid=2aid=7, Abruf am 05.01.2014

[Ener14] Kemfert, C., *Definition des Energy-Only-Markts*, Energie-Lexikon, 2014, URL: http://www.energie-lexikon.info/energy-only-markt.html, Abruf am 02.01.2014

[EnBe13] Enervis, BET, *Ein zukunftsfähiges Energiemarktdesign für Deutschland - Langfassung*, 2013, URL: http://www.bet-aachen.de/fileadmin/redaktion/PDF/Studien-und-Gutachten/EMD-Gutachten–Langfassung.pdf, Abruf am 02.01.2014

[Fost13] Foster, D. *PJM - Fuel Price Environment and Changing Generation Mix*, 2013, URL: http://www.dnrec.delaware.gov/Air/Documents/PJM20-20Gary20Helm.pdf, Abruf am 05.01.2014

[GrMZ] Growitsch, C., Matthes, F., Ziesing, H., *Clearing-Studie Kapazitätsmärkte im Auftrag des Bundesministeriums für Wirtschaft und Technologie (BMWi)*, 2013, URL: http://www.ewi.uni-koeln.de/fileadmin/user-upload/Institut/Team/Publikationen-Team-Sonstige/GrMaZi–2013—-Clearing-Studie-Kapazitaetsmaerkte-final-2013-05-08.pdf, Abruf am 02.01.2014

[Hauc13] Haucap, J., *Braucht Deutschland einen Kapazitätsmarkt für eine sichere Stromversorgung?*, Ordnungspolitische Perspektiven, Düsseldorfer Institut für Wettbewerbökonomie 2013, URL: http://www.dice.hhu.de/fileadmin/redaktion/Fakultaeten/Wirtschaftswissenschaftliche-Fakultaet/DICE/Ordnungspolitische-Perspektiven/051-OP-Haucap.pdf, Abruf am 02.01.2014

[Kemf13] Kemfert, C., *Bloß keine neuen Subventionen für Kraftwerke*, Die Zeit Online, 2013, URL: http://www.zeit.de/wirtschaft/2013-11/energiewende-keine-

finanzanreize-fuer-reservekraftwerke/komplettansicht,
Abruf am 12.12.2013

[Krae13] Krägenow, T., *Neues Geld für Kraftwerke - aber wie?*, 2013, URL:
http://www.agora-energiewende.de/fileadmin/downloads/sonstiges/E-M-
Fachgespraech-Neues-Geld-fuer-Kraftwerke—aber-wie-Ausgabe-2013-13-14.pdf,
Abruf am 02.01.2014

[Kunz12] Kunz, C., *Studienvergleich: Entwicklung der Investitionskosten neuer Kraftwerke -
Die Investitionskosten neuer Kraftwerke als Einflussfaktor auf die Kosten der
Energiewende*, 2012, URL: http://www.energie-studien.de/uploads/media/AEE-
Dossier-Studienvergleich-Investitionskosten-nov12.pdf,
Abruf am 02.01.2014

[Meri13] Merino, R., *Liberalisation of the Electricity Industry in the European Union* , 2003,
URL: http://skemman.is/stream/get/1946/13601/32589/1/Liberalisation-of-the-
Electricity-Industry-in-the-European-Union.pdf,
Abruf am 02.01.2014

[Move13] First Mover *Skandinavien: Vorreiter der globalen Energiewende*, 2013, URL:
http://www.first-mover.net/2011/08/skandinavien-vorreiter-der-globalen-
energiewende/,
Abruf am 02.01.2014

[MSDH12] Matthes, F., Schlemmermeier, B., Diermann, C., Hermann, H., von
Hammerstein, C., *Fokussierte Kapazitätsmärkte. Ein neues Marktdesign für den
Übergang zu einem neuen Energiesystem - Studie für die Umweltstiftung WWF
Deutschland*, 2012, URL: http://www.oeko.de/oekodoc/1586/2012-442-de.pdf,
Abruf am 02.01.2014

[Nasd14] NasdaqOMX *Company Information*, 2014, URL:
http://www.nasdaqomx.com/aboutus/company-information, Abruf am 02.01.2014

[PJM14] PJM *Who We Are*, 2014, URL:
http://www.pjm.com/about-pjm/who-we-are.aspx, Abruf am 02.01.2014

[Sieb13] Siebert, L.*Einführung in die Volkswirtschaftslehre*, 15., vollständig überarbeitete
Auflage 2007, Verlag W. Kohlhammer Stuttgart.

[SuSS11] Süßenbacher, W., Schwaiger, M., Stigler, H. *Kapazitätsmärkte und -mechanismen
im internationalen Kontext*, 2011, URL: http://eeg.tuwien.ac.at/eeg.tuwien.ac.at-
pages/events/iewt/iewt2011/uploads/plenarysessions-iewt2011/P-
Suessenbacher.pdf,
Abruf am 02.01.2014

[Tiet12] Tietjen, O.*Kapazitätsmärkte - Hintergründe und Varianten mit Fokus auf einen
emissionsarmen deutschen Strommarkt KAPAZITÄTSMÄRKTE*, 2012, URL:
http://germanwatch.org/de/download/3564.pdf, Abruf am 02.01.2014

BEI GRIN MACHT SICH IHR WISSEN BEZAHLT

- Wir veröffentlichen Ihre Hausarbeit,
  Bachelor- und Masterarbeit

- Ihr eigenes eBook und Buch -
  weltweit in allen wichtigen Shops

- Verdienen Sie an jedem Verkauf

Jetzt bei www.GRIN.com hochladen
und kostenlos publizieren